サクッと 3分間ドリル three minutes もくじと記録

中1 計算

正解数表で ぬっていこう！ ▶ 1 2 3

1回分が終わったら，**学習日**と**成績**を記録しましょう。

JN042032

裏に続きます。↓

解答は巻末にあります。

(1)　0 より12大きい数

(2)　0 より17小さい数

(3)　0 より2.5小さい数

(4)　0 より$\frac{3}{7}$大きい数

(1)　A 市から東へ 5 km の地点を+5 km と表すと，A 市から西へ 4 km の地点はどのように表せますか。

(2)　3000円の利益を+3000円と表すと，1000円の損失はどのように表せますか。

★ (2) 0 より小さい数には，**負の符号−**をつけて表す。

★ たがいに反対の性質をもつ量は，一方を正の数，他方を負の数で表せる。

02 絶対値と数の大小

(1)　+3

(2)　−4　　　　　　　　(3)　+0.5

(4)　$-\dfrac{2}{3}$

(1)　3, −5

(2)　−8, −6

(3)　−0.7, −0.4, −1.2

★ ⑩ 絶対値とは，数直線上で，**ある数に対応する点と原点との距離**のこと。
★ ⑧ **(2)** 負の数は，**絶対値が大きいほど小さい。**

03 たし算①

10問中　　問正解

1 次の計算をしましょう。

(1) $(-3)+(-5)=-(3+5)=$

(2) $(-4)+(-5)$　　　(3) $(+8)+(+15)$

(4) $(-12)+(-7)$　　　(5) $(-9)+(-14)$

2 次の計算をしましょう。

(1) $(+8)+(-4)=+(8-4)=$

(2) $(-3)+(+5)$　　　(3) $(+9)+(-17)$

(4) $(-24)+(+14)$　　　(5) $(+31)+(-27)$

ちりつもだね。

★ **2** (3) 9＜17だから，絶対値の大きいほう
の符号は−，絶対値の差は17−9

(1) $(-3)+(+3)=$

(2) $(+14)+(-14)$

(3) $(-36)+(+36)$

(4) $0+(+7)$

(5) $(-8)+0$

(1) $(-5)+(+4)+(-8)=(+4)+(-5)+(-8)$
$\qquad\qquad\qquad\quad =(+4)+(-13)$
$\qquad\qquad\qquad\quad =$

(2) $(+16)+(-8)+(-11)$

(3) $(+42)+(-16)+(+12)+(-25)$

あと3分だけ
続ける?

(4) 0 との和は, その数自身になる。
まず, 正の数どうしの和, 負の数どうしの和を別々に求める。

05 小数・分数のたし算

月　　日

8問中　　問正解

(1) $(-0.3)+(-1.4)=-(0.3+1.4)=$

(2) $(-2.1)+(-3.4)$　　　(3) $(-6.9)+(+2.7)$

(4) $(-4.5)+(-5.3)$　　　(5) $(+2.6)+(-0.8)$

(1) $\left(+\dfrac{1}{3}\right)+\left(-\dfrac{5}{6}\right)=\left(+\dfrac{2}{6}\right)+\left(-\dfrac{5}{6}\right)=-\left(\dfrac{5}{6}-\dfrac{2}{6}\right)=$

(2) $\left(-\dfrac{4}{15}\right)+\left(-\dfrac{1}{3}\right)$

(3) $\left(+\dfrac{3}{4}\right)+\left(-\dfrac{1}{6}\right)$

★　分数のたし算は，**通分**してから整数のときと
同じように計算する。答えの**約分**に注意しよう。

ちょっと休けいする？

(1) $(+6)-(+9)=(+6)+(-9)=$

(2) $(+3)-(-5)$　　　　(3) $(-2)-(+9)$

(4) $(-8)-(-4)$　　　　(5) $(-13)-(+20)$

(1) $(-13)-0=$

(2) $(+8)-0$　　　　(3) $0-(-3)$

(4) $0-(-15)$　　　　(5) $0-(+33)$

ミスはないかな？

(2) ひく数は負の数だから，符号を変えてたし算
になおすと，$(+3)-(-5)=(+3)+(+5)$

07
小数・分数のひき算

1 次の計算をしましょう。

(1) $(-0.8)-(-1.6)=(-0.8)+(+1.6)=+(1.6-0.8)=$

(2) $(-1.3)-(-0.9)$　　　　(3) $(-0.6)-(-1.5)$

(4) $(+2.7)-(+3.4)$　　　　(5) $(+5.3)-(-7.7)$

2 次の計算をしましょう。

(1) $\left(-\dfrac{1}{4}\right)-\left(-\dfrac{2}{3}\right)=\left(-\dfrac{1}{4}\right)+\left(+\dfrac{2}{3}\right)=\left(-\dfrac{3}{12}\right)+\left(+\dfrac{8}{12}\right)=$

(2) $\left(-\dfrac{1}{8}\right)-\left(+\dfrac{3}{4}\right)$

(3) $\left(-\dfrac{5}{6}\right)-\left(-\dfrac{1}{5}\right)$

いいペースだね。

★ 分数のひき算は，通分してから整数のと
きと同じように計算する。

(1)　$(+13)+(+15)$　　　　(2)　$(-12)+(-3)$

(3)　$(+9)+(-6)$　　　　(4)　$(-11)+(+7)$

(5)　$0+(+8)$

(1)　$(+7)-(+9)$　　　　(2)　$(-9)-(+4)$

(3)　$(-15)-(-8)$　　　　(4)　$0-(-10)$

(5)　$(+16)-(-14)$

力ついてきた！

正負の数のひき算は，ひく数の符号を変
えてたし算になおす。

09 たし算とひき算の混じった計算①

(1) $(+3)+(-4)-(-7)=(+3)+(-4)+(+7)$

$=(+3)+(+7)+(-4)$

$=(+10)+(-4)=$

(2) $(+6)-(+8)+(-5)$

(3) $(+9)+(-3)-(+13)$

(4) $(-12)-(-19)-(+13)$

(5) $(+4)+(-9)-(+7)-(-3)$

(6) $(-8)-(+5)-(-15)-(+6)$

(7) $(-9)-(-12)-(+15)-(-16)$

★　たし算のことを**加法**といい，ひき算のことを**減法**という。

10 たし算とひき算の混じった計算②

月　日

8問中　　問正解

(1) $-4+9-3$ $=9-4-3=9-7=2$

(2) $-7+8-5$　　　　(3) $3-6-9+8$

(4) $-24+17-18+29$　　(5) $16-18+22-20$

(1) $-9-(-6)-7$ $=-9+6-7=6-9-7$

　　　　　　　　　　　$=$

(2) $-17-(-19)+13-(+16)$

(3) $28+(-18)-20-(-14)$

ちりつもだね。

11 たし算とひき算の混じった計算③

次の式を，加法だけの式になおして計算しましょう。

(1)　$(+4.9)-(+9.3)+(-2.4)$

(2)　$(+2.3)-(-4.7)+(-1.6)$

(3)　$\left(-\dfrac{3}{4}\right)+\left(+\dfrac{3}{5}\right)-\left(-\dfrac{1}{4}\right)$

次の計算をしましょう。

(1)　$-6.2-4.8+2.9-3.5$

(2)　$\dfrac{2}{9}-\dfrac{5}{9}-\dfrac{7}{9}$

(3)　$-\dfrac{2}{5}+\left(-\dfrac{1}{3}\right)-\dfrac{3}{5}$

★ ❶ 小数・分数の計算も，整数のときと同じように計算する。
★ ❷(3) まず，かっこをはずして通分する。

12 たし算とひき算の混じった計算の練習

8問中　　　問正解

(1) $(-3)+(-9)-(-5)$

(2) $(-5)+(+6)-(-10)+(-3)$

(3) $(+7)-(-2)-(+9)-(+3)$

(1) $7-15+2$ 　　　　　(2) $-28+17-19$

(3) $-4-3+10+5$ 　　　　(4) $-47+(-26)+18$

(5) $-14+(-26)-19-(-31)$

(1) $(-3)+(-9)-(-5)=(-3)+(-9)+(+5)$としてから計算する。
正の項, 負の項を集めて, 別々に計算する。

13 かけ算

10問中　　問正解

(1) $(+2) \times (+5) = +(2 \times 5) =$

(2) $(-5) \times (-6)$　　　(3) $(+2) \times (+7)$

(4) $(-3) \times (-8)$　　　(5) $(+4) \times 1$

(1) $(-3) \times (+6) = -(3 \times 6) =$

(2) $(+2) \times (-7)$　　　(3) $(-1) \times (+8)$

(4) $4 \times (-3)$　　　(5) -9×5

★ 同符号の 2 数の積は，**絶対値の積に正の符号＋をつける。**
★ 異符号の 2 数の積は，**絶対値の積に負の符号－をつける。**

(1)　$(-0.7) \times (+1.2)$　　　　(2)　$(-0.5) \times (-2.8)$

(3)　$(-3.5) \times (-0.6)$　　　　(4)　$4.8 \times (-7)$

(1)　$\left(-\dfrac{3}{5}\right) \times \left(-\dfrac{3}{4}\right)$　　　　(2)　$\left(-\dfrac{2}{3}\right) \times \left(+\dfrac{5}{4}\right)$

(3)　$\left(+\dfrac{3}{4}\right) \times \left(-\dfrac{2}{3}\right)$　　　　(4)　$\left(-\dfrac{5}{6}\right) \times 12$

　小数のかけ算では，積の小数点の位置に注意する。
　分数のかけ算では，約分に注意する。計算のとちゅうで約分するとよい。

次の計算をしましょう。

(1) $7×(-2)×3=-(7×2×3)=$

(2) $(-8)×(-3)×2$

(3) $(-4)×(+5)×(-7)$

(4) $(-3)×(-6)×(-10)$

(5) $(-3)×5×(-8)$

(6) $(-2)×(-6)×9×(-4)$

(7) $(-5)×0.2×0×(-3)$

★ 積の符号は，負の数が偶数個⇨＋，奇数個⇨−
★ (7) 0 がかけ合わされていることに注意する。

(1) $6^2 = 6 \times 6 =$

(2) 2^3

(3) $(-3)^2$

(4) $(-4)^3$

(5) -2^4

(6) $\left(\dfrac{1}{7}\right)^2$

(7) $\left(-\dfrac{2}{3}\right)^3$

(1) $(-5)^2 \times (-2) = 25 \times (-2) =$

(2) $-6 \times (-2)^3$

(3) $(-4^2) \times (-3)^2$

やる気送ります！

(5) -2^4は，2 の 4 乗に負の符号−が
ついたもの。$-2^4 = -(2 \times 2 \times 2 \times 2)$

17 わり算

(1) $(+20) \div (+5) = + (20 \div 5) =$

(2) $(-36) \div (-6)$　　　(3) $(+8) \div (+2)$

(4) $(-18) \div (-3)$　　　(5) $(-1.4) \div (-0.2)$

(1) $(+24) \div (-8) = - (24 \div 8) =$

(2) $(-54) \div (+9)$　　　(3) $60 \div (-5)$

(4) $9 \div (-0.5)$　　　(5) $0 \div (-6)$

★ 同符号の 2 数の商は，**絶対値の商に正の符号＋をつける。**
★ 異符号の 2 数の商は，**絶対値の商に負の符号ーをつける。**

18 分数をふくむわり算

(1) $\dfrac{3}{4}$

(2) -8

(3) $\dfrac{1}{7}$

(4) -0.3

(1) $\left(-\dfrac{2}{3}\right) \div \dfrac{3}{4} = \left(-\dfrac{2}{3}\right) \times \dfrac{4}{3} =$

(2) $\left(-\dfrac{4}{9}\right) \div \left(-\dfrac{5}{6}\right)$

(3) $\dfrac{8}{15} \div \left(-\dfrac{4}{5}\right)$

(4) $\dfrac{3}{5} \div (-9)$

(5) $-28 \div \left(-\dfrac{4}{7}\right)$

(2) 分母が1の分数の形にして，逆数を求める。符号はもとの数と同じ。
分数をふくむわり算では，**わる数の逆数をかける形**になおしてから計算する。

かけ算・わり算の練習 ①

次の計算をしましょう。

(1) $(+4)×(-5)$

(2) $(-7)×(-3)$

(3) $(-2)×(+6)$

(4) $(-5)×6×(-9)$

(5) $(-3)^2×(-4)$

次の計算をしましょう。

(1) $(-16)÷(+2)$

(2) $(-15)÷(-5)$

(3) $(+12)÷(-3)$

(4) $(+14)÷(+7)$

(5) $(+72)÷(-6)$

いいペースだね。

★ (5) まず，累乗の部分を計算する。
$(-3)^2×(-4)=9×(-4)$

20 かけ算・わり算の練習 ②

月　　日

9問中　　問正解

(1) $(-0.3) \times (+0.8)$　　　(2) $(-3.4) \times (-4)$

(3) $(-2.4) \div (-1.2)$　　　(4) $2 \div (-0.4)$

(5) $0.9 \div (-3)$

(1) $\dfrac{2}{3} \times \left(-\dfrac{5}{6}\right)$　　　(2) $\left(-\dfrac{7}{36}\right) \times \left(-\dfrac{9}{14}\right)$

(3) $\dfrac{3}{7} \div \left(-\dfrac{2}{3}\right)$　　　(4) $\left(-\dfrac{3}{8}\right) \div \left(-\dfrac{9}{4}\right)$

ちょっと休けいする？

(3) 分数のわり算は，わる数の逆数をかける形になおす。$\dfrac{3}{7} \div \left(-\dfrac{2}{3}\right) = \dfrac{3}{7} \times \left(-\dfrac{3}{2}\right)$

かけ算とわり算の混じった計算①

(1) $(-18) \div 6 \times (-5) = (-18) \times \dfrac{1}{6} \times (-5) =$

(2) $8 \times (-5) \div (-4)$

(3) $9 \times (-8) \div 6$

(4) $6 \div (-14) \times 7$

(5) $(-8) \times (-6) \div (-3)$

(6) $7 \div (-2) \times (-10)$

(7) $(-56) \div (-4) \div 2$

ミスはないかな？

★ **わる数の逆数をかけて**，かけ算だけの式
になおして計算する。

22 かけ算とわり算の混じった計算②

月　　日

5問中　　問正解

(1) $\left(-\dfrac{1}{6}\right) \times 4 \div \left(-\dfrac{8}{9}\right) = \left(-\dfrac{1}{6}\right) \times 4 \times \left(-\dfrac{9}{8}\right) =$

(2) $15 \div \dfrac{4}{5} \times \left(-\dfrac{8}{3}\right)$

(3) $\dfrac{2}{5} \times \left(-\dfrac{1}{3}\right) \div \left(-\dfrac{4}{9}\right)$

(4) $\left(-\dfrac{5}{6}\right) \div \left(-\dfrac{1}{2}\right) \times \left(-\dfrac{3}{5}\right)$

(5) $\left(-\dfrac{9}{10}\right) \div \left(-\dfrac{3}{7}\right) \div \left(-\dfrac{7}{5}\right)$

カついてきた!

わる数の逆数をかけて，かけ算だけの式
になおして計算する。

★ ① 次の計算をしなさい。

(1) $6+5×(-3)=6+(-15)=-(15-6)=$

(2) $5-16÷2$

(3) $(-7)×3-4×(-8)$

(4) $(-2)×6+24÷3$

(5) $16-12×(-3)÷(-4)$

(6) $28÷(2-9)+2×5$

(7) $-6^2+(-5)^2×3$

あと3分だけ
続ける？

★ ① （　）の中・累乗⇨かけ算・わり算
⇨たし算・ひき算 の順に計算する。

24 四則の混じった計算②

月　日

5問中　　問正解

(1) $\left(\dfrac{1}{2}-\dfrac{2}{3}\right)\times 6=\dfrac{1}{2}\times 6-\dfrac{2}{3}\times 6=$

(2) $\left(\dfrac{5}{6}+\dfrac{1}{8}\right)\times(-24)$

(3) $12\times\left(-\dfrac{1}{4}+1.5\right)$

(1) $47\times(-4)+3\times(-4)=(47+3)\times(-4)=$

(2) $2.3\times(-8)+2.3\times108$

分配法則　$(○+□)\times△=○\times△+□\times△$　を利用する。
分配法則を逆向きに使う。$○\times△+□\times△=(○+□)\times△$

四則の混じった計算の練習

(1) $(-5)-2\times(-2)$

(2) $-4\times7+(-16)\div4$

(3) $-3\times8+2\times(-5)$

(4) $5+(-3)\times6\div9$

(5) $-9+(16-7)\div3$

(6) $4\times(-3)^2+(-2)^3\div4$

(7) $\left(\dfrac{3}{4}-\dfrac{1}{2}\right)\times(-8)$

(2) かけ算・わり算⇨たし算 の順に計算する。
(6) 累乗⇨かけ算・わり算⇨たし算 の順に計算する。

19, 37, 51, 83, 91の中から, 素数をすべて選びましょう。

(1) 78　　　(2) 120　　　(3) 210　　　(4) 495

いいペースだね。

小さい素数で順にわってみて調べる。

月　　　日

/100点

1 次の問いに答えましょう。

(1) 500g 重いことを+500g と表すと、300g 軽いことはどのように表せますか。

(2) 次の 3 つの数の大小を、不等号を使って表しましょう。
−3, 2, −8

2 次の計算をしましょう。

(1) (−21)+(−16)

(2) (−12)−(−9)

(3) (−1.6)+2.4

(4) (−3.1)−(+1.9)

(5) $\left(-\dfrac{2}{5}\right)+\dfrac{1}{3}$

(6) $\left(-\dfrac{5}{6}\right)-\left(-\dfrac{6}{5}\right)$

(7) 5−8+1

(8) 4−12−(−3)+11

→ 裏に続きます。

(1) $(-8) \times 9$

(2) $(-4.9) \times (-0.7)$

(3) $\dfrac{8}{27} \times \left(-\dfrac{9}{13}\right)$

(4) $(-84) \div (-7)$

(5) $(-9.6) \div 8$

(6) $\dfrac{5}{6} \div \left(-\dfrac{7}{12}\right)$

(7) $(-3) \times (-2) \times 8$

(8) $(-42) \times (-3) \div (-7)$

(9) $35 \div (-7) - 2 \times (-2)$

(10) $(-12) \div 3 + (-2)^2 \times 6$

(1) 60

(2) 126

(1)　$x \times a$

(2)　$y \times x \times 6$　　　　(3)　$a \times (-3) \times b$

(4)　$z \times x \times 1 \times y$　　　　(5)　$x \times 0.1 \times x \times y$

(1)　$y \div 4$

(2)　$(-2) \div a$　　　　(3)　$2a \div 5$

(4)　$7b \div (-3)$　　　　(5)　$(x+2) \div 3$

(5) 同じ文字の積は，**累乗の指数**を使って表す。
(5) かっこのついた式は，ひとまとまりのものと考える。

(1)　$a×b÷7=ab÷7=$

(2)　$x÷y÷9$　　　　　　　(3)　$(x+y)×3÷z$

(4)　$a×(-2)+b×8$　　　(5)　$x×(-1)×x-y×2$

(1)　$3xy$

(2)　$\dfrac{ab}{5}$

(3)　$\dfrac{x-y}{6}$

ミスはないかな？

(3) $x-y$ 全体を 6 でわった式だから，
$x-y$ にかっこをつける。

数量の表し方

1 次の数量を、文字を使った式で表しましょう。

(1) 63円のはがき x 枚と84円の切手 y 枚を買ったときの代金の合計

(2) a km の道のりを時速 3 km で歩いたときにかかった時間

(3) 十の位の数が x，一の位の数が 7 の 2 けたの自然数

(4) x 円で仕入れた品物に仕入れ値の30%の利益を見込んでつけた定価

2 次の問いに答えましょう。

(1) 長さ x m のひもから b cm のひもを 8 本切りとったとき，残りのひもの長さは何 cm になりますか。

(2) 重さ a g の箱に，1 個 b kg の品物を 5 個入れたとき，全体の重さは何 kg になりますか。

やる気送ります！

★ ある数量を文字を使って式で表すときは，
それぞれの単位をそろえて書く。

(1) $3x-7 = 3×x-7 = 3×4-7 =$

(2) $5-9x$　　　　　　　　(3) $\dfrac{8}{x}$

(1) $9-2a = 9-2×(-3) =$

(2) $6a+15$　　　　　　　　(3) $\dfrac{18}{a}+4$

カついてきた！

★ ● (3) $x=4$ をそのまま代入してよい。

★ ● 負の数を代入するときは，ふつうかっこをつける。

(1) $9-8x \left[x=\dfrac{1}{2}\right]$　　　(2) $2-5x \left[x=-\dfrac{2}{3}\right]$

(1) a^2　　　　　　　(2) $-a^3$

(3) $(-a)^2$　　　　　(4) $-4a^2$

★　**(2)** 負の数を代入するときは，かっこをつける。
★　累乗の指数のついた式に負の数を代入するときは，かっこをつける。

文字式の表し方と式の値の練習

(1) $y \times (-2) \times x$　　　　(2) $a \times 2 \times b \times b \times a$

(3) $9 \div a \times b$　　　　(4) $x \times (-6) + y \div 3$

(1) 1枚 a 円の画用紙を10枚買って，b 円出したときのおつり

(2) x km の道のりを 3 時間かかって歩いたときの時速

(3) 重さが a kg の米の20％の重さ

(1) $8 - 5x$　　　　(2) $-3x^2 + 16$

(2) 同じ文字の積は，**累乗の指数**を使って表す。
負の数は**かっこをつけて代入する**。

1 次の計算をしましょう。

(1)　$4x+8x=(4+8)x=$

(2)　$5y-9y$

(3)　$-6a+4a+3a$

(4)　$0.8x+1.3x$

(5)　$x-\dfrac{3}{5}x$

2 次の計算をしましょう。

(1)　$10x+7-5x+3$

　$=10x-5x+7+3$

　$=(10-5)x+7+3$

　$=$

(2)　$-4a-7+6a-3$

(3)　$\dfrac{2}{3}x+5-\dfrac{1}{2}x-8$

ちょっと休けいする？

文字の部分が同じ項は、1つの項にまとめることができる。$mx+nx=(m+n)x$

(1)　$2a+(a+9)$ $= 2a+a+9 =$

(2)　$2x+5+(3x+1)$

(3)　$(3a-4)+(6a-7)$

(4)　$(5x+7)+(-4x-1)$

(5)　$(8x-5)+(6-2x)$

(6)　$\left(\dfrac{1}{2}x-\dfrac{2}{3}\right)+\left(\dfrac{2}{3}x+\dfrac{1}{4}\right)$

★ ⓐ +（ ）は，**そのまま**かっこをはずす。
★ ⓐ **(6)** 係数が分数のときも，計算のしかたは同じ。通分してまとめる。

(1) $8x-(6x+4)=8x-6x-4=$

(2) $4a+6-(5a-4)$

(3) $(9x-7)-(6x-3)$

(4) $(2x-7)-(-x+9)$

(5) $(3y-6)-(-5-8y)$

(6) $\left(\dfrac{5}{6}x-\dfrac{1}{2}\right)-\left(\dfrac{2}{3}x+\dfrac{1}{8}\right)$

★ -( )は，かっこの中の各項の**符号を変えて**，かっこをはずす。
★ **(2)** $4a+6-(5a-4)=4a+6-5a-4$ とする計算ミスに注意。

37 1次式のたし算・ひき算の練習

(1) $3a-5a$

(2) $6y-4y+2y$

(3) $-y+12+5y-7$

(4) $0.2x-0.9+x+0.6$

(1) $(2x+1)+(3x+4)$

(2) $(3x+8)+(x-5)$

(3) $(5a-6)+(4-a)$

(4) $(5x+3)-(2x+1)$

(5) $(3x+4)-(2x-3)$

(6) $(-4x-10)-(3-8x)$

カついてきた！

★ (4) $-(\ )$は，かっこの中の各項の符号を
すべて変える。

★ **①** 次の計算をしましょう。

(1) $3a \times 6 = 3 \times 6 \times a =$

(2) $4x \times (-7)$　　　　(3) $-2x \times 3$

(4) $-8x \times (-2)$　　　　(5) $10 \times 5x$

(6) $\frac{3}{4}x \times 12$　　　　(7) $-8 \times \left(-\frac{3}{2}a\right)$

やる気送ります！

★ **①** **数どうしの積**を求めて、それに文字をか
ける。

39 1次式のわり算

7問中　　　問正解

(1) $12a \div 4 = \dfrac{12a}{4} =$

(2) $-16x \div 8$

(3) $20a \div (-5)$

(4) $-36y \div (-6)$

(5) $9x \div (-12)$

(6) $-10x \div \dfrac{5}{6}$

(7) $-3x \div \left(-\dfrac{6}{7}\right)$

ちりつもだね。

(6) わる数が分数のときは，**わる数を逆数にし，かけ算になおしてから計算する。**

1次式のかけ算・わり算

1 次の計算をしましょう。

(1) $3(2x+6) = 3 \times 2x + 3 \times 6 =$

(2) $-7(2x-1)$　　　　(3) $(3a+4) \times (-3)$

(4) $-12\left(\dfrac{2}{3}x-\dfrac{1}{2}\right)$　　　　(5) $\left(\dfrac{3}{4}a-\dfrac{1}{5}\right) \times 20$

2 次の計算をしましょう。

(1) $(18a+9) \div 3 = \dfrac{18a+9}{3} = \dfrac{18a}{3} + \dfrac{9}{3} =$

(2) $(14x-8) \div 2$　　　　(3) $(12a-8) \div (-4)$

(4) $(6a+12) \div \dfrac{3}{2}$　　　　(5) $(8b-12) \div \left(-\dfrac{4}{5}\right)$

　　$= (6a+12) \times \dfrac{2}{3}$

　　$=$

★ (4) わる数が分数のときは，**わる数を逆数にし，**
かけ算になおして分配法則を利用する。

(1)　$2a \times 6$

(2)　$(-2) \times 4y$

(3)　$6a \times \left(-\dfrac{2}{3}\right)$

(4)　$4(3x+2)$

(5)　$-3(6x-4)$

(1)　$9a \div 3$

(2)　$(-24x) \div (-6)$

(3)　$16a \div \left(-\dfrac{4}{7}\right)$

(4)　$(49x+21) \div (-7)$

(5)　$(12x-4) \div \dfrac{2}{5}$

(4) 分配法則 $a(b+c)=ab+ac$ を使って，かっこをはずす。
(5) わる数を逆数にし，かけ算になおして分配法則を利用する。

1 次の計算をしましょう。

(1)　$8x+5x$

(2)　$4a-5a+7a$

(3)　$-3y-7-2y+16$

(4)　$(6a-7)+(3a+4)$

(5)　$(2x-3)-(-8x-11)$

2 次の計算をしましょう。

(1)　$4x\times(-2)$

(2)　$-6(4x-5)$

(3)　$-12a\div\dfrac{3}{5}$

(4)　$(18x-8)\div2$

(5)　$(6a-9)\div\left(-\dfrac{3}{4}\right)$

ミスはないかな？

★ **1** (5) $-(\ \ )$は，かっこの中の各項の符号を変えてかっこをはずす。

(1) $\dfrac{3x+7}{4} \times 8 = \dfrac{(3x+7) \times \overset{2}{8}}{\underset{1}{4}} = (3x+7) \times 2 =$

(2) $9 \times \dfrac{2x-5}{3}$

(3) $\dfrac{x-5}{4} \times (-16)$

(4) $18\left(\dfrac{2x-7}{9}\right)$

(1) $2(x+2)+3(x-4) = 2x+4+3x-12$

$=$

(2) $3(2x+5)+4(x-3)$

(3) $7(a-8)-4(2a-5)$

☆ ● 分母とかける数で約分し，（　）×数の形になおして計算する。
☆ ② **分配法則を使ってかっこをはずし**，文字の項，数の項をまとめる。

(1) $x×x×2×x$ 　　　　(2) $(x−y)÷5$

(3) $x×3−4÷y$ 　　　　(4) $a×3÷b$

(1) 1個 x 円のなし 3 個と 1 個 y 円のもも 5 個を買ったときの
代金の合計

(2) 1回目，2 回目の得点がそれぞれ a 点，3 回目の得点が b 点
のときの得点の平均

(3) 片道が 9 km の道のりを，行きは時速 a km で，帰りは時速 b
km で歩いたときの，往復にかかった時間

(1) $10+3x$ 　　　　(2) $3x^2−20$

→ 裏に続きます。

(1) $2x+7x$

(2) $-3a-8a$

(3) $9a+4-6a-11$

(4) $-7-4x+13+6x$

(5) $(7y-9)+(-3y-2)$

(6) $(6x-3)-(5-x)$

(1) $(-6)\times(-2a)$

(2) $6x\div\left(-\dfrac{2}{3}\right)$

(3) $-5(2a-3)$

(4) $(24a-16)\div\left(-\dfrac{4}{5}\right)$

(5) $\dfrac{2x-1}{3}\times6$

(6) $7(2x-4)-2(4x+1)$

(1)　$4x+5=-x$

(2)　$5x-2=x+6$

(3)　$1-3x=2x+1$

(4)　$6-7x=3x-4$

⑦　$4x+3=11$

④　$3x+2=11$

⑨　$5x-8=2x+4$

⊆　$5x-7=3x-1$

★ ❶ それぞれの数を x に代入して，**(左辺)＝(右辺)** となるものをさがす。
★ ❷ $x=4$ を方程式に代入して，**(左辺)＝(右辺)** となるものをさがす。

(1) $x-7=3$

$x-7+7=3+7$

$x=10$

(2) $x+5=9$

(3) $4+x=10$

(1) $\dfrac{x}{8}=2$

$\dfrac{x}{8}\times 8=2\times 8$

$x=16$

(2) $-\dfrac{x}{5}=4$

(3) $-\dfrac{x}{4}=-3$

(4) $4x=8$

(5) $-7x=42$

等式の性質 **A=B** ならば，**A+C=B+C**，**A−C=B−C** を使う。
等式の性質 **A=B** ならば，**A×C=B×C**，**A÷C=B÷C**（**C≠0**）を使う。

(1) $x-3=7$ 〔-3〕

$x=7$

(2) $3x+6=18$ 〔$+6$〕 (3) $4x=8x-20$ 〔$8x$〕

(1) $x+3=8$

$x=8-3$

$x=$

(2) $x-2=5$ (3) $x+6=-3$

(4) $x+6=-15$ (5) $-9+x=4$

★ ①移項するときは，必ず**符号を変える**。
★ ②左辺の数の項を右辺に移項して，右辺を計算する。

(1) $3x-8=16$

$3x=16+8$

$3x=24$

$x=8$

(2) $4x-3=9$

(3) $6x-7=-25$

(1) $7x=3x-28$

$7x-3x=-28$

(2) $5x=7x-24$

(3) $x=18-2x$

☆　左辺の数の項を右辺に移項し，$ax=b$ の形にする。
☆　右辺の x の項を左辺に移項し，$ax=b$ の形にする。

(1) $6x-32=-2x$

$6x+2x=32$

$8x=32$

$x=4$

(2) $9x+2=11x$

(3) $5x-6=7x$

(1) $6x+1=3x+16$

$6x-3x=16-1$

(2) $3x-25=-9-x$

(3) $8x+21=2x-3$

(4) $14-2x=5+7x$

(5) $-y+7=4y-3$

文字の項は**左辺**に，数の項は**右辺**に移項して，$ax=b$ の形にする。
文字の項と数の項を同時に移項するのがポイント。

50 方程式の解き方の練習

(1)　$2x-7=5$

(2)　$-4x+3=19$

(3)　$5x-3=8x$

(4)　$x-6=4x$

(5)　$2x-3=5x+9$

(6)　$15-3x=2x+20$

(7)　$9x-8=10x-7$

(8)　$8x-9=2x+15$

文字の項を左辺に，数の項を右辺に移項
して，$ax=b$ の形にする。

51 かっこをふくむ方程式

(1)　$3(2x+3)=x-11$

$6x+9=x-11$

(2)　$6x-(4x-1)=5$

(3)　$7x-6=2(x+7)$

(4)　$6+3(2x-3)=21$

(5)　$8-5(1-x)=13$

(6)　$2(x-3)=3(1+x)$

(7)　$3(x-4)=2-(x-6)$

分配法則 $a(b+c)=ab+ac$ を利用して，
まず，**かっこをはずしてから**，$ax=b$ の形にする。

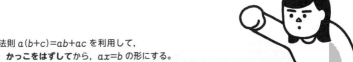

(1)　$3.1x-5.4=2.5x$

$(3.1x-5.4)\times10=2.5x\times10$

$31x-54=25x$

(2)　$0.4x+2.4=0.1x$　　(3)　$0.3x-0.4=1.1x+2.8$

(4)　$0.8x+0.7=0.3x+3.2$　　(5)　$3-0.7x=5-0.3x$

(6)　$0.7x-2.7=0.25x$　　(7)　$0.13x+0.06=0.6-0.05x$

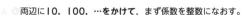

- 両辺に10，100，…をかけて，まず係数を整数になおす。
- (6) 小数点以下のけた数が2けたの小数に着目して，両辺に100をかける。

分数をふくむ方程式

(1) $\dfrac{1}{2}x-3=\dfrac{2}{3}x$

$\left(\dfrac{1}{2}x-3\right)\times6=\dfrac{2}{3}x\times6$

$3x-18=4x$

(2) $\dfrac{3}{4}x=2+\dfrac{7}{8}x$

(3) $\dfrac{2}{3}x-2=\dfrac{1}{4}x+3$

(4) $\dfrac{3}{5}x-\dfrac{2}{3}=\dfrac{1}{3}x-\dfrac{4}{5}$

(5) $\dfrac{5}{6}x+\dfrac{7}{12}=\dfrac{5}{4}x-\dfrac{3}{2}$

いいペースだね。

★　両辺に分母の最小公倍数をかけて，分母
をはらう。

いろいろな方程式

(1) $0.3(x-2)=0.2(x-1)-0.1$

$0.3(x-2)\times10=\{0.2(x-1)-0.1\}\times10$

$3(x-2)=2(x-1)-1$

$3x-6=2x-2-1$

(2) $0.15x-0.1=-0.2(x-3)$

(3) $x-\dfrac{2x-1}{5}=-4$

(4) $\dfrac{2x+4}{3}=\dfrac{5x-4}{4}$

(5) $\dfrac{x+3}{2}=\dfrac{1}{3}x+1$

ちょっと休けいする？

(2) 小数点以下のけた数が2けたの小数
に着目して，両辺に100をかけ，まず係数を整数になおす。

いろいろな方程式の練習

(1) $3(x+1)=5x+9$

(2) $5x-3(4x+6)=3$

(3) $0.3x+1.6=0.8x-0.4$

(4) $x-0.75=-0.5x+2.25$

(5) $\dfrac{1}{2}x+3=\dfrac{2}{3}x-\dfrac{1}{6}$

(6) $\dfrac{3}{4}x-5=\dfrac{1}{6}x+2$

(7) $0.4x+0.3(x-2)=0.8$

(8) $2-\dfrac{5x-4}{6}=\dfrac{1}{2}x$

ミスはないかな？

(4) 小数点以下2けたの小数があるから，
両辺に100をかけて，係数を整数になおす。

(1)　$x : 6 = 5 : 3$

$3x = 30$

$x = 10$

(2)　$21 : x = 7 : 3$　　　(3)　$8 : 12 = x : 15$

(1)　$x : 5 = \dfrac{1}{2} : \dfrac{5}{4}$　　　(2)　$\dfrac{2}{3} : \dfrac{1}{4} = x : 3$

(1)　$15 : (x+4) = 9 : x$　　　(2)　$4 : (x-4) = 12 : (x+10)$

整数と同じように**比例式の性質**を利用して方程式をつくる。

かっこをひとまとまりとみて，比例式の性質を利用する。

月　　　日

／100点

ⓐ　$4x+8=0$　　　ⓘ　$4x-8=16$

ⓒ　$7x+10=2x$　　ⓔ　$3x+7=3-x$

$4x+1=2x-1$

(1)　$3x-5=-8$　　　(2)　$-4x=9x-52$

(3)　$9x-14=6x+7$　　(4)　$24-3x=2x+29$

→ 裏に続きます。

(1) $3(x-4)=5x+8$

(2) $9-3(2x+5)=-8x$

(3) $x+3(2x-1)=11$

(4) $5-(x-3)=3(x+4)$

(5) $0.3x-0.2=3+0.1x$

(6) $5-0.2x=0.3x+3$

(7) $0.6x+0.94=0.13x$

(8) $\dfrac{x}{4}-\dfrac{1}{2}=\dfrac{x}{3}-1$

(9) $\dfrac{1}{6}x-1=\dfrac{5}{2}+\dfrac{2}{3}x$

(10) $\dfrac{2x+1}{3}=\dfrac{2x+7}{5}$

$5:2=(x+8):(x-1)$

(1) 1本80円のボールペンを x 本買うときの代金を y 円とする。

(2) 自転車に乗って時速12kmで走るとき, x 時間で進む道のり
を $y$km とする。

(3) 縦の長さが 3 cm, 横の長さが $x$cm の長方形の面積は $y$cm^2
である。

(1) y を x の式で表しましょう。

(2) $x=5$ のときの y の値を求めましょう。

(3) $y=-8$ のときの x の値を求めましょう。

やる気送ります！

(1) y は x に比例するので, 式を $y=ax$
とおいて, $x=2$, $y=4$ を代入して a の値を求める。

(1) 底辺が $x$cm，高さが $y$cm の三角形の面積が 20cm^{2}である。

(2) 200ページの本を 1 日 x ページずつ読むと，y 日間で読み終わる。

(3) 16km の道のりを，時速 $x$km で進むときにかかる時間を y 時間とする。

(1) y を x の式で表しましょう。

(2) $x=3$ のときの y の値を求めましょう。

(3) $y=-2$ のときの x の値を求めましょう。

いいペースだね。

★ y が x に反比例するとき，
式は $y=\dfrac{a}{x}$ （a は比例定数，$a \neq 0$）となる。

1 1Lのガソリンで40km走ることができる自動車があります。この自動車がxL のガソリンで ykm 走ることができるものとして，次の問いに答えましょう。

(1) y を x の式で表しましょう。

(2) 120km 走るのに，何 L のガソリンが必要か求めましょう。

2 毎分4Lずつ水を入れると，30分でいっぱいになる水そうがあります。毎分xL ずつ入れると y 分でいっぱいになるものとして，次の問いに答えましょう。

(1) y を x の式で表しましょう。

(2) この水そうに，毎分 6 L ずつ水を入れると何分でいっぱいにな るか求めましょう。

(3) この水そうを12分でいっぱいにするには，毎分何 L ずつ水を 入れればよいか求めましょう。

★ ① (1) y は x に比例するから，式を $y=ax$ とおく。
★ ② (1) y は x に反比例するから，式を $y=\dfrac{a}{x}$ とおく。

比例と反比例の練習

(1) y を x の式で表しましょう。

(2) $x=3$ のときの y の値を求めましょう。

(1) y を x の式で表しましょう。

(2) $x=8$ のときの y の値を求めましょう。

ちりつもだね。

針金 xm の重さを yg とすると，y は x に比例するから，式は $y=ax$ とおける。

月　　　日

/100点

ア　$y=-x$　　　イ　$x+y=1$　　　ウ　$y=\dfrac{20}{x}$

エ　$xy=-5$　　　オ　$y=\dfrac{x}{7}$　　　カ　$y=-\dfrac{1}{x}$

(1)　y が x に比例するものをすべて選び、記号で答えましょう。

(2)　y が x に反比例するものをすべて選び、記号で答えましょう。

(1)　１個50円のみかんを x 個買うときの代金を y 円とする。

(2)　４人ですると15日かかる仕事を、x 人でするときにかかる日数を y 日とする。

(3)　面積が 40cm² の長方形の縦の長さを $x$cm、横の長さを $y$cm とする。

(4)　１辺の長さが $x$cm の正方形の周の長さを $y$cm とする。

→ 裏に続きます。

(1) y は x に比例し，$x=2$ のとき $y=8$ です。y を x の式で表しましょう。

(2) y は x に比例し，$x=-8$ のとき $y=20$ です。$x=4$ のときの y の値を求めましょう。

(3) y は x に反比例し，$x=-2$ のとき $y=7$ です。y を x の式で表しましょう。

(4) y は x に反比例し，$x=4$ のとき $y=9$ です。$x=-6$ のときの y の値を求めましょう。

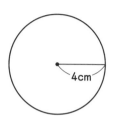

(1) 円周の長さを求めましょう。

(2) 面積を求めましょう。

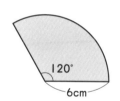

(1) 弧の長さを求めましょう。

(2) 面積を求めましょう。

(1) 中心角の大きさを求めましょう。

(2) 弧の長さを求めましょう。

★ 半径 r の円の円周の長さは $2\pi r$，面積は πr^2 である。

★ 半径 r，中心角 $x°$ のおうぎ形の弧の長さは $2\pi r \times \dfrac{x}{360}$，面積は $\pi r^2 \times \dfrac{x}{360}$

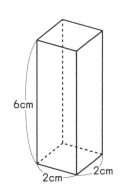

(1) 底面積を求めましょう。

(2) 側面積を求めましょう。

(3) 表面積を求めましょう。

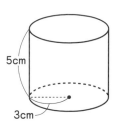

(1) 底面積を求めましょう。

(2) 側面積を求めましょう。

(3) 表面積を求めましょう。

ミスはないかな？

(2) 側面の展開図は長方形になり、縦は
円柱の高さ、横は**底面の円周の長さに等しい。**

（1）　底面積を求めましょう。

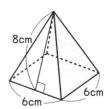

（2）　側面積を求めましょう。

（3）　表面積を求めましょう。

（1）　弧 AB の長さを求めましょう。

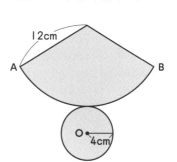

（2）　側面積を求めましょう。

（3）　表面積を求めましょう。

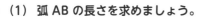

（2）側面積は，底辺が 6 cm，高さが 8 cm の二等辺三角形 4 つ分。

（1）弧 AB の長さは，底面の円周の長さに等しい。

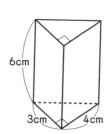

(1) 底面積を求めましょう。

(2) 体積を求めましょう。

(1) 底面積を求めましょう。

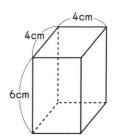

(2) 体積を求めましょう。

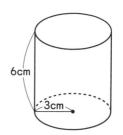

★ **(角柱の体積)＝(底面積)×(高さ)** で求められる。
★ 底面の半径 r, 高さ h の円柱の体積は $\pi r^2 h$

月　　日

67 立体の体積②

（1）底面積を求めましょう。

（2）体積を求めましょう。

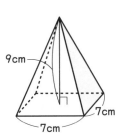

9cm

7cm

7cm

（1）底面積を求めましょう。

（2）体積を求めましょう。

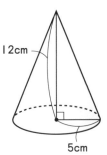

12cm

5cm

カついてきた！

★ (2) 底面の半径が r，高さが h の円錐の体積は $\frac{1}{3}\pi r^2 h$

球の体積と表面積

(1) 表面積を求めましょう。

(2) 体積を求めましょう。

3cm

(1) 表面積を求めましょう。

(2) 体積を求めましょう。

(1) 表面積を求めましょう。

(2) 体積を求めましょう。

あと3分だけ
続ける？

半径が r の球の表面積は $4\pi r^2$，体積は
$\frac{4}{3}\pi r^3$

回転体の表面積と体積

(1) この立体の名前を答えましょう。

(2) 表面積を求めましょう。

(3) 体積を求めましょう。

ℓ

A ──4cm── D

6cm

B ＿＿＿＿ C

---

(1) この立体の名前を答えましょう。

(2) 表面積を求めましょう。

(3) 体積を求めましょう。

ℓ

A

10cm

8cm

B ──6cm── C

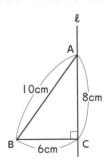

(1) 辺 AB が動いてできる面は立体の側
面になる。

ちょっと休けいする？

(1)

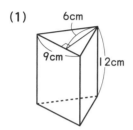

6cm

9cm　12cm

(2)

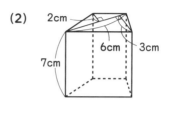

2cm

6cm　3cm

7cm

(3)

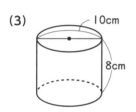

10cm

8cm

(4)

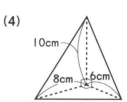

10cm

8cm　6cm

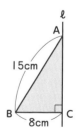

ℓ

A

15cm

B

8cm

C

ちりつもだね。

★ **(4)** 底面が直角三角形の三角錐である。

★ 底面の半径が 8 cm, 母線の長さが15cm の円錐になる。

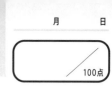

月　　日

100点

○ 上下の問題では、円周率をπとします。
① 直径10cmの円について、次の問いに答えましょう。

(1) 円周の長さを求めましょう。

(2) 面積を求めましょう。

② 半径8cm、中心角270°のおうぎ形について、次の問いに答えましょう。

(1) 弧の長さを求めましょう。

(2) 面積を求めましょう。

③ 右の図の四角柱（底面が台形）について、次の問いに答えましょう。

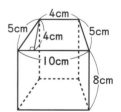

(1) 表面積を求めましょう。

(2) 体積を求めましょう。

→ 裏に続きます。

(1) 表面積を求めましょう。

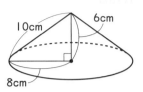

(2) 体積を求めましょう。

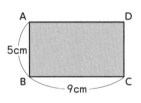

(1) 辺 AB を軸として 1 回転させてできる立体

(2) 辺 BC を軸として 1 回転させてできる立体

(1) 表面積を求めましょう。

(2) 体積を求めましょう。

月　　日

／100点

1 次の数を、小さいほうから順に並べてごらんましょう。

$$-\frac{4}{5},\ 0.8,\ -0.7,\ \frac{2}{3}$$

2 次の計算をしましょう。

(1)　$(-8)+(-9)$

(2)　$(-1.2)-(+0.8)$

(3)　$(-4)\times(+8)$

(4)　$\left(+\dfrac{4}{9}\right)\div\left(-\dfrac{2}{3}\right)$

3 次の数量を、文字を使った式で表しましょう。

(1)　1個8gのおもりx個と1個5gのおもりy個の合計の重さ

(2)　時速$a$kmでb時間進んだときの道のり

4 次の計算をしましょう。

(1)　$2a-7-8a+9$

(2)　$(5x+6)-(2x-1)$

(3)　$(-7)\times(-3b)$

(4)　$(12a-18)\div\left(-\dfrac{3}{4}\right)$

→ 裏に続きます。

(1) $5x-3=17$ 　　　(2) $6x+3=4x-5$

(3) $6x-2(x+3)=-18$ 　　　(4) $\dfrac{x}{3}+1=\dfrac{x}{4}-\dfrac{1}{2}$

(1) y は x に比例し，$x=5$ のとき $y=4$ です。$x=-20$ のときの y の値を求めましょう。

(2) y は x に反比例し，$x=2$ のとき $y=8$ です。$x=4$ のときの y の値を求めましょう。

(1)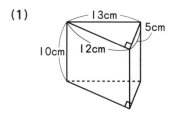

(2)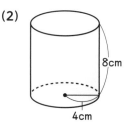

●1 正負の数

1 (1) +12　(2) −17
(3) −2.5　(4) +$\frac{3}{7}$

2 (1) −4km　(2) −1000円

▶解説
2(2)利益が＋だから，損失は−で表す。

●2 絶対値と数の大小

1 (1) 3　(2) 4　(3) 0.5　(4) $\frac{2}{3}$

2 (1) 3>−5　(2) −8<−6
(3) −1.2<−0.7<−0.4

▶解説
1 絶対値は，正・負の数から，その符号
＋，−を取りさった数であると考えて
もよい。

2(3)負の数は，絶対値が大きいほど小さ
い。0.4<0.7<1.2 だから，
−1.2<−0.7<−0.4

●3 たし算①

1 (1) −8　(2) −9　(3) +23
(4) −19　(5) −23

2 (1) +4　(2) +2　(3) −8
(4) −10　(5) +4

▶解説
1 同符号の 2 数の和は，絶対値の和に共
通の符号をつける。

(3)(+8)+(+15)=+(8+15)=+23
(4)(−12)+(−7)=−(12+7)=−19
2 異符号の 2 数の和は，絶対値の差に絶
対値の大きいほうの符号をつける。
(5)(+31)+(−27)=+(31−27)=+4

●4 たし算②

1 (1) 0　(2) 0　(3) 0
(4) +7　(5) −8

2 (1) −9　(2) −3　(3) +13

▶解説
1(1)～(3)絶対値が等しい異符号の 2 数の
和は 0 になる。
(4), (5) 0 との和は，その数自身になる。
2(2)(+16)+(−8)+(−11)
=(+16)+(−19)=−3
(3)(+42)+(−16)+(+12)+(−25)
=(+42)+(+12)+(−16)+(−25)
=(+54)+(−41)=+13

●5 小数・分数のたし算

1 (1) −1.7　(2) −5.5　(3) −4.2
(4) −9.8　(5) +1.8

2 (1) −$\frac{1}{2}$　(2) −$\frac{3}{5}$　(3) +$\frac{7}{12}$

▶解説
1(3)(−6.9)+(+2.7)
=−(6.9−2.7)=−4.2
(4)(−4.5)+(−5.3)
=−(4.5+5.3)=−9.8

❷(2)$\left(-\dfrac{4}{15}\right)+\left(-\dfrac{1}{3}\right)=\left(-\dfrac{4}{15}\right)+\left(-\dfrac{5}{15}\right)$

$=-\left(\dfrac{4}{15}+\dfrac{5}{15}\right)=-\dfrac{9}{15}=-\dfrac{3}{5}$

答えの約分を忘れないようにする。

(3)$\left(+\dfrac{3}{4}\right)+\left(-\dfrac{1}{6}\right)=\left(+\dfrac{9}{12}\right)+\left(-\dfrac{2}{12}\right)$

$=+\left(\dfrac{9}{12}-\dfrac{2}{12}\right)=+\dfrac{7}{12}$

●6 ひき算

> **❶** (1) -3 (2) $+8$ (3) -11
>
>   (4) -4 (5) -33
>
> **❷** (1) -13 (2) $+8$ (3) $+3$
>
>   (4) $+15$ (5) -33

▶解説

❶(2)$(+3)-(-5)=(+3)+(+5)=+8$

 (4)$(-8)-(-4)=(-8)+(+4)=-4$

❷(ある数)$-0=$(ある数)，$0-$(ある数)

 $=$(ある数の符号を変えた数)

 (4)$0-(-15)=0+(+15)=+15$

 (5)$0-(+33)=0+(-33)=-33$

●7 小数・分数のひき算

> **❶** (1) $+0.8$ (2) -0.4 (3) $+0.9$
>
>   (4) -0.7 (5) $+13$
>
> **❷** (1) $+\dfrac{5}{12}$ (2) $-\dfrac{7}{8}$ (3) $-\dfrac{19}{30}$

▶解説

❶(2)$(-1.3)-(-0.9)$

 $=(-1.3)+(+0.9)=-0.4$

 (3)$(-0.6)-(-1.5)$

 $=(-0.6)+(+1.5)=+0.9$

 (4)$(+2.7)-(+3.4)$

 $=(+2.7)+(-3.4)=-0.7$

❷(2)$\left(-\dfrac{1}{8}\right)-\left(+\dfrac{3}{4}\right)=\left(-\dfrac{1}{8}\right)+\left(-\dfrac{3}{4}\right)$

$=\left(-\dfrac{1}{8}\right)+\left(-\dfrac{6}{8}\right)=-\dfrac{7}{8}$

(3)$\left(-\dfrac{5}{6}\right)-\left(-\dfrac{1}{5}\right)=\left(-\dfrac{5}{6}\right)+\left(+\dfrac{1}{5}\right)$

$=\left(-\dfrac{25}{30}\right)+\left(+\dfrac{6}{30}\right)=-\dfrac{19}{30}$

●8 たし算・ひき算の練習

> **❶** (1) $+28$ (2) -15 (3) $+3$
>
>   (4) -4 (5) $+8$
>
> **❷** (1) -2 (2) -13 (3) -7
>
>   (4) $+10$ (5) $+30$

▶解説

❶(2)$(-12)+(-3)=-(12+3)=-15$

 (3)$(+9)+(-6)=+(9-6)=+3$

 (4)$(-11)+(+7)=-(11-7)=-4$

❷(1)$(+7)-(+9)=(+7)+(-9)=-2$

 (2)$(-9)-(+4)=(-9)+(-4)=-13$

 (3)$(-15)-(-8)=(-15)+(+8)=-7$

●9 たし算とひき算の混じった計算①

> **❶** (1) $+6$ (2) -7 (3) -7
>
>   (4) -6 (5) -9 (6) -4
>
>   (7) $+4$

▶解説

❶ひく数の符号を変えて，加法だけの式
になおして計算する。

 (2)$(+6)-(+8)+(-5)$

 $=(+6)+(-8)+(-5)$

 $=(+6)+(-13)=-7$

 (6)$(-8)-(+5)-(-15)-(+6)$

 $=(-8)+(-5)+(+15)+(-6)$

 $=(+15)+(-19)=-4$

10 ● たし算とひき算の混じった計算②

❶ (1) 2 　　(2) −4 　　(3) −4
　(4) 4 　　(5) 0
❷ (1) −10 　(2) −1 　　(3) 4

▶解説
❶正の項，負の項を集めて，別々に計算
する。
(3) 3−6−9+8=3+8−6−9
=11−15=−4
(4) −24+17−18+29
=17+29−24−18=46−42=4
式のはじめの符号+や答えの符号+は，
はぶいてもよい。
(5) 16−18+22−20
=16+22−18−20=38−38=0
❷−( )は，かっこ内の数の符号を変え
て，かっこをはずす。
(3) 28+(−18)−20−(−14)
=28−18−20+14=28+14−18−20
=42−38=4

11 たし算とひき算の混じった計算③

❶ (1) −6.8 　(2) 5.4 　　(3) $\dfrac{1}{10}$
❷ (1) −11.6 　(2) $-\dfrac{10}{9}$ 　(3) $-\dfrac{4}{3}$

▶解説
❶(1) (+4.9)−(+9.3)+(−2.4)
=(+4.9)+(−9.3)+(−2.4)
=(+4.9)+(−11.7)=−6.8
❷(3) $-\dfrac{2}{5}+\left(-\dfrac{1}{3}\right)-\dfrac{3}{5}=-\dfrac{2}{5}-\dfrac{1}{3}-\dfrac{3}{5}$
$=-\dfrac{6}{15}-\dfrac{5}{15}-\dfrac{9}{15}=-\dfrac{20}{15}=-\dfrac{4}{3}$

12 たし算とひき算の混じった計算の練習

❶ (1) −7 　　(2) 8 　　(3) −3
❷ (1) −6 　　(2) −30 　(3) 8
　(4) −55 　(5) −28

13 かけ算

❶ (1) 10 　　(2) 30 　　(3) 14
　(4) 24 　　(5) 4
❷ (1) −18 　(2) −14 　(3) −8
　(4) −12 　(5) −45

▶解説
❶(2) (−5)×(−6)=+(5×6)=30
(5) 1との積は，その数自身になる。
❷(2) (+2)×(−7)=−(2×7)=−14
(3) −1との積は，符号を変えた数になる。
(5) −9×5=−(9×5)=−45

14 小数・分数のかけ算

❶ (1) −0.84 　(2) 1.4
　(3) 2.1 　　(4) −33.6
❷ (1) $\dfrac{9}{20}$ 　　　(2) $-\dfrac{5}{6}$
　(3) $-\dfrac{1}{2}$ 　　(4) −10

▶解説
❶(1) (−0.7)×(+1.2)=−(0.7×1.2)
=−0.84
(3) (−3.5)×(−0.6)=+(3.5×0.6)
=2.1
❷計算のとちゅうで約分するとよい。
(2) $\left(-\dfrac{2}{3}\right)\times\left(+\dfrac{5}{4}\right)=-\left(\dfrac{\overset{1}{\cancel{2}}}{3}\times\dfrac{5}{\underset{2}{\cancel{4}}}\right)=-\dfrac{5}{6}$

15 3つ以上の数のかけ算

❶ (1) -42　(2) 48　(3) 140
　　(4) -180　(5) 120
　　(6) -432　(7) 0

▶解説
❶ 積の符号は，負の数が偶数個 $\Rightarrow$ ＋，
奇数個 $\Rightarrow$ －
　(1) $7\times(-2)\times3=-(7\times2\times3)=-42$
　(3) $(-4)\times(+5)\times(-7)$
　$=+(4\times5\times7)=140$

16 累乗の計算

❶ (1) 36　(2) 8　(3) 9　(4) -64
　　(5) -16　(6) $\dfrac{1}{49}$　(7) $-\dfrac{8}{27}$
❷ (1) -50　(2) 48　(3) -144

▶解説
❶ 累乗の指数から，何を何個かけ合わせ
るかを確認する。
　(4) $(-4)^3=(-4)\times(-4)\times(-4)=-64$
　(6) $\left(\dfrac{1}{7}\right)^2=\dfrac{1}{7}\times\dfrac{1}{7}=\dfrac{1}{49}$
　(7) $\left(-\dfrac{2}{3}\right)^3=\left(-\dfrac{2}{3}\right)\times\left(-\dfrac{2}{3}\right)\times\left(-\dfrac{2}{3}\right)=-\dfrac{8}{27}$
❷ (2) $-6\times(-2)^3=-6\times(-8)=48$

17 わり算

❶ (1) 4　(2) 6　(3) 4
　　(4) 6　(5) 7
❷ (1) -3　(2) -6　(3) -12
　　(4) -18　(5) 0

▶解説
❶ (2) $(-36)\div(-6)=+(36\div6)=6$
❷ (3) $60\div(-5)=-(60\div5)=-12$

18 分数をふくむわり算

❶ (1) $\dfrac{4}{3}$　(2) $-\dfrac{1}{8}$　(3) 7　(4) $-\dfrac{10}{3}$
❷ (1) $-\dfrac{8}{9}$　(2) $\dfrac{8}{15}$　(3) $-\dfrac{2}{3}$
　　(4) $-\dfrac{1}{15}$　(5) 49

▶解説
❶ 2つの数の積が 1 になるとき，一方
の数を他方の数の逆数という。分数の
形にして，分母と分子を入れかえる。
　(2) $-8=-\dfrac{8}{1}$ だから，逆数は $-\dfrac{1}{8}$
❷ (2) $\left(-\dfrac{4}{9}\right)\div\left(-\dfrac{5}{6}\right)=\left(-\dfrac{4}{9}\right)\times\left(-\dfrac{6}{5}\right)$
　$=+\left(\dfrac{4}{9}\times\dfrac{6}{5}\right)=\dfrac{8}{15}$

19 かけ算・わり算の練習①

❶ (1) -20　(2) 21　(3) -12
　　(4) 270　(5) -36
❷ (1) -8　(2) 3　(3) -4
　　(4) 2　(5) -12

▶解説
❶ (1) $(+4)\times(-5)=-(4\times5)=-20$
　(2) $(-7)\times(-3)=+(7\times3)=21$
　(4) $(-5)\times6\times(-9)$
　$=+(5\times6\times9)=270$
❷ (1) $(-16)\div(+2)=-(16\div2)=-8$
　(2) $(-15)\div(-5)=+(15\div5)=3$

20 かけ算・わり算の練習②

❶ (1) -0.24　(2) 13.6
　(3) 2　　(4) -5　(5) -0.3
❷ (1) $-\dfrac{5}{9}$　　(2) $\dfrac{1}{8}$
　(3) $-\dfrac{9}{14}$　　(4) $\dfrac{1}{6}$

▶解説
❶(1)$(-0.3)\times(+0.8)$
　$=-(0.3\times0.8)=-0.24$
　(4)$2\div(-0.4)=-(2\div0.4)=-5$
❷(1)$\dfrac{2}{3}\times\left(-\dfrac{5}{6}\right)=-\left(\dfrac{2}{3}\times\dfrac{5}{6}\right)=-\dfrac{5}{9}$
　(4)$\left(-\dfrac{3}{8}\right)\div\left(-\dfrac{9}{4}\right)=\left(-\dfrac{3}{8}\right)\times\left(-\dfrac{4}{9}\right)$
　$=+\left(\dfrac{3}{8}\times\dfrac{4}{9}\right)=\dfrac{1}{6}$

21 かけ算とわり算の混じった計算①

❶ (1) 15　　(2) 10　　(3) -12
　(4) -3　　(5) -16　(6) 35
　(7) 7

▶解説
❶(2)$8\times(-5)\div(-4)$
　$=8\times(-5)\times\left(-\dfrac{1}{4}\right)$
　$=+\left(8\times5\times\dfrac{1}{4}\right)=10$
　(3)$9\times(-8)\div6=9\times(-8)\times\dfrac{1}{6}$
　$=-\left(9\times8\times\dfrac{1}{6}\right)=-12$
　(7)$(-56)\div(-4)\div2$
　$=(-56)\times\left(-\dfrac{1}{4}\right)\times\dfrac{1}{2}$
　$=+\left(56\times\dfrac{1}{4}\times\dfrac{1}{2}\right)=7$

22 かけ算とわり算の混じった計算②

❶ (1) $\dfrac{3}{4}$　　(2) -50　(3) $\dfrac{3}{10}$
　(4) -1　　(5) $-\dfrac{3}{2}$

▶解説
❶(1)$\left(-\dfrac{1}{6}\right)\times4\div\left(-\dfrac{8}{9}\right)$
　$=\left(-\dfrac{1}{6}\right)\times4\times\left(-\dfrac{9}{8}\right)$
　$=+\left(\dfrac{1}{6}\times4\times\dfrac{9}{8}\right)=\dfrac{3}{4}$
　(5)$\left(-\dfrac{9}{10}\right)\div\left(-\dfrac{3}{7}\right)\div\left(-\dfrac{7}{5}\right)$
　$=\left(-\dfrac{9}{10}\right)\times\left(-\dfrac{7}{3}\right)\times\left(-\dfrac{5}{7}\right)$
　$=-\left(\dfrac{9}{10}\times\dfrac{7}{3}\times\dfrac{5}{7}\right)=-\dfrac{3}{2}$

23 四則の混じった計算①

❶ (1) -9　　(2) -3　　(3) 11
　(4) -4　　(5) 7　　(6) 6
　(7) 39

▶解説
❶( )の中・累乗⇒×・÷⇒＋・－の順に
　計算する。
　(2)$5-16\div2=5-8=-3$
　(3)$(-7)\times3-4\times(-8)$
　$=-21+32=11$
　(4)$(-2)\times6+24\div3=-12+8$
　$=-4$
　(5)$16-12\times(-3)\div(-4)$
　$=16-12\times(-3)\times\left(-\dfrac{1}{4}\right)$
　$=16-9=7$
　(6)$28\div(2-9)+2\times5$
　$=28\div(-7)+10=-4+10=6$

$=\dfrac{3}{4}\times(-8)-\dfrac{1}{2}\times(-8)=(-6)-(-4)$

$=-6+4=-2$

24 四則の混じった計算②

❶ (1) -1 (2) -23 (3) 15
❷ (1) -200 (2) 230

▶解説
❶分配法則
$(\bigcirc+\square)\times\triangle=\bigcirc\times\triangle+\square\times\triangle$
を利用する。
(2)$\left(\dfrac{5}{6}+\dfrac{1}{8}\right)\times(-24)$
$=\dfrac{5}{6}\times(-24)+\dfrac{1}{8}\times(-24)$
$=(-20)+(-3)=-23$
(3)$12\times\left(-\dfrac{1}{4}+1.5\right)$
$=12\times\left(-\dfrac{1}{4}\right)+12\times1.5$
$=(-3)+18=15$
❷分配法則を逆向きに使う。
$\bigcirc\times\triangle+\square\times\triangle=(\bigcirc+\square)\times\triangle$
(2)$2.3\times(-8)+2.3\times108$
$=2.3\times(-8+108)$
$=2.3\times100=230$

25 四則の混じった計算の練習

❶ (1) -1 (2) -32
(3) -34 (4) 3 (5) -6
(6) 34 (7) -2

▶解説
❶(6)$4\times(-3)^2+(-2)^3\div4$
$=4\times9+(-8)\div4=36+(-2)$
$=34$
(7)$\left(\dfrac{3}{4}-\dfrac{1}{2}\right)\times(-8)$

26 素数と素因数分解

❶ $19,\ 37,\ 83$
❷ (1) $78=2\times3\times13$
(2) $120=2^3\times3\times5$
(3) $210=2\times3\times5\times7$
(4) $495=3^2\times5\times11$

$\begin{array}{r}2\,\underline{)\,78}\\3\,\underline{)\,39}\\13\end{array}$

▶解説
❶$51\div3=17$ →素数ではない。
$91\div7=13$ →素数ではない。

27 まとめテスト①

❶ (1) -300g (2) $-8<-3<2$
❷ (1) -37 (2) -3 (3) 0.8
(4) -5 (5) $-\dfrac{1}{15}$ (6) $\dfrac{11}{30}$
(7) -2 (8) 6
❸ (1) -72 (2) 3.43 (3) $-\dfrac{8}{39}$
(4) 12 (5) -1.2 (6) $-\dfrac{10}{7}$
(7) 48 (8) -18
(9) -1 (10) 20
❹ (1) $60=2^2\times3\times5$
(2) $126=2\times3^2\times7$

28 文字式の表し方①

❶ (1) ax (2) $6xy$ (3) $-3ab$

(4) xyz　(5) $0.1x^2y$

2 (1) $\dfrac{y}{4}$　(2) $-\dfrac{2}{a}$　(3) $\dfrac{2a}{5}$

(4) $-\dfrac{7b}{3}$　(5) $\dfrac{x+2}{3}$

▶解説

1 記号×ははぶく。数は文字の前に書く。

2 記号÷は使わずに，分数の形で表す。

（参考）　(1)は $\dfrac{1}{4}y$, (3)は $\dfrac{2}{5}a$, (4)は

$-\dfrac{7}{3}b$, (5)は $\dfrac{1}{3}(x+2)$ でも正解。

29 文字式の表し方②

1 (1) $\dfrac{ab}{7}$　(2) $\dfrac{x}{9y}$　(3) $\dfrac{3(x+y)}{z}$

(4) $-2a+8b$　(5) $-x^2-2y$

2 (1) $3\times x\times y$　(2) $a\times b\div 5$

(3) $(x-y)\div 6$

▶解説

2 式がどんな計算を表しているか考える。

(2)分数の形だから，わり算をふくむ式。

30 数量の表し方

1 (1) $(63x+84y)$円

(2) $\dfrac{a}{3}$時間　(3) $10x+7$

(4) $\dfrac{13}{10}x$ 円

2 (1) $(100x-8b)$cm

(2) $\left(\dfrac{a}{1000}+5b\right)$kg

▶解説

1 (1)(代金)＝(単価)×(個数)

(2)(時間)＝(道のり)÷(速さ)

(3)十の位の数が x，一の位の数が y の
2 けたの自然数は，$10x+y$

(4) 1 %は $\dfrac{1}{100}$（0.01）である。

仕入れ値を 1 とすると，仕入れ値の
30%を見込んだ定価は，仕入れ値の

$\left(1+\dfrac{3}{10}\right)$にあたる。

定価は，$x\times\left(1+\dfrac{3}{10}\right)=\dfrac{13}{10}x$(円)

2 (1) 1 m＝100cm

(2) 1 g＝$\dfrac{1}{1000}$kg（0.001 kg）

31 式の値①

1 (1) 5　　(2) -31　(3) 2

2 (1) 15　　(2) -3　　(3) -2

▶解説

1 (2)$5-9x=5-9\times x=5-9\times 4$
$=5-36=-31$

(3)$\dfrac{8}{x}=\dfrac{8}{4}=2$

2 (2)$6a+15=6\times(-3)+15$
$=-18+15=-3$

(3)$\dfrac{18}{a}+4=\dfrac{18}{-3}+4=-6+4=-2$

32 式の値②

1 (1) 5　　　　(2) $\dfrac{16}{3}$

2 (1) 4　(2) 8　(3) 4　(4) -16

3 1

▶解説

2 (2)$-a^3=-(-2)^3=-(-8)=8$

(3)$(-a)^2=\{-(-2)\}^2=2^2=4$

33 文字式の表し方と式の値の練習

❶ (1) $-2xy$　(2) $2a^2b^2$

　(3) $\dfrac{9b}{a}$　(4) $-6x+\dfrac{y}{3}$

❷ (1) $(b-10a)$円

　(2) 時速$\dfrac{x}{3}$ km　(3) $\dfrac{a}{5}$ kg

❸ (1) 23　(2) -11

▶解説

❷(2)（速さ）＝（道のり）÷（時間）

❸(2)$-3x^2+16=-3\times(-3)^2+16$
$=-3\times9+16=-27+16=-11$

34 式をかんたんにする

❶ (1) $12x$　(2) $-4y$　(3) a

　(4) $2.1x$　(5) $\dfrac{2}{5}x$

❷ (1) $5x+10$　(2) $2a-10$

　(3) $\dfrac{1}{6}x-3$

▶解説

❶文字の部分が同じ項は，次の計算法則
を使って，1つの項にまとめられる。

　$mx+nx=(m+n)x$

(2)$5y-9y=(5-9)y=-4y$

(3)$-6a+4a+3a$
$=(-6+4+3)a=a$

(4)$0.8x+1.3x$
$=(0.8+1.3)x=2.1x$

(5)$x-\dfrac{3}{5}x=\left(1-\dfrac{3}{5}\right)x=\dfrac{2}{5}x$

❷文字の項どうし，数の項どうしをそれ
ぞれまとめる。

(2)$-4a-7+6a-3$

$=-4a+6a-7-3$
$=(-4+6)a-7-3=2a-10$

(3)$\dfrac{2}{3}x+5-\dfrac{1}{2}x-8$
$=\dfrac{2}{3}x-\dfrac{1}{2}x+5-8$

$=\left(\dfrac{2}{3}-\dfrac{1}{2}\right)x+5-8$

$=\left(\dfrac{4}{6}-\dfrac{3}{6}\right)x-3=\dfrac{1}{6}x-3$

35 1次式のたし算

❶ (1) $3a+9$　(2) $5x+6$

　(3) $9a-11$　(4) $x+6$

　(5) $6x+1$　(6) $\dfrac{7}{6}x-\dfrac{5}{12}$

▶解説

❶(4)$(5x+7)+(-4x-1)$
$=5x+7-4x-1=x+6$

(6)$\left(\dfrac{1}{2}x-\dfrac{2}{3}\right)+\left(\dfrac{2}{3}x+\dfrac{1}{4}\right)$
$=\dfrac{1}{2}x-\dfrac{2}{3}+\dfrac{2}{3}x+\dfrac{1}{4}$
$=\dfrac{3}{6}x+\dfrac{4}{6}x-\dfrac{8}{12}+\dfrac{3}{12}=\dfrac{7}{6}x-\dfrac{5}{12}$

36 1次式のひき算

❶ (1) $2x-4$　(2) $-a+10$

　(3) $3x-4$　(4) $3x-16$

　(5) $11y-1$　(6) $\dfrac{1}{6}x-\dfrac{5}{8}$

▶解説

❶(4)$(2x-7)-(-x+9)$
$=2x-7+x-9=3x-16$

(5)$(3y-6)-(-5-8y)$
$=3y-6+5+8y=11y-1$

37 1次式のたし算・ひき算の練習

❶ (1) $-2a$　(2) $4y$　(3) $4y+5$
　(4) $1.2x-0.3$

❷ (1) $5x+5$　(2) $4x+3$
　(3) $4a-2$　(4) $3x+2$
　(5) $x+7$　(6) $4x-13$

▶解説
❶(4) $0.2x-0.9+x+0.6$
　$=0.2x+x-0.9+0.6$
　$=(0.2+1)x-0.9+0.6=1.2x-0.3$
❷(6) $(-4x-10)-(3-8x)$
　$=-4x-10-3+8x=4x-13$

38 1次式のかけ算

❶ (1) $18a$　(2) $-28x$　(3) $-6x$
　(4) $16x$　(5) $50x$　(6) $9x$
　(7) $12a$

▶解説
❶(2) $4x\times(-7)=4\times(-7)\times x=-28x$
　(5) $10\times5x=10\times5\times x=50x$
　(6) $\dfrac{3}{4}x\times12=\dfrac{3}{4}\times12\times x=9x$
　(7) $-8\times\left(-\dfrac{3}{2}a\right)=-8\times\left(-\dfrac{3}{2}\right)\times a$
　$=12a$

39 1次式のわり算

❶ (1) $3a$　(2) $-2x$　(3) $-4a$
　(4) $6y$　(5) $-\dfrac{3x}{4}$
　(6) $-12x$　(7) $\dfrac{7}{2}x$

▶解説
❶分数の形にして，数どうしを約分する。
(2) $-16x\div8=\dfrac{-16x}{8}=-2x$
(3) $20a\div(-5)=\dfrac{20a}{-5}=-4a$
(5) $9x\div(-12)=\dfrac{9x}{-12}=-\dfrac{3x}{4}$
(6) $-10x\div\dfrac{5}{6}=-10x\times\dfrac{6}{5}=-12x$
(7) $-3x\div\left(-\dfrac{6}{7}\right)=-3x\times\left(-\dfrac{7}{6}\right)=\dfrac{7}{2}x$
（参考）(5)は $-\dfrac{3}{4}x$，(7)は $\dfrac{7x}{2}$ でも正解。

40 1次式のかけ算・わり算

❶ (1) $6x+18$　(2) $-14x+7$
　(3) $-9a-12$　(4) $-8x+6$
　(5) $15a-4$

❷ (1) $6a+3$　(2) $7x-4$
　(3) $-3a+2$　(4) $4a+8$
　(5) $-10b+15$

▶解説
❶分配法則 $a(b+c)=ab+ac$ を使う。
(2) $-7(2x-1)$
　$=(-7)\times2x+(-7)\times(-1)$
　$=-14x+7$
(5) $\left(\dfrac{3}{4}a-\dfrac{1}{5}\right)\times20=\dfrac{3}{4}a\times20-\dfrac{1}{5}\times20$
　$=15a-4$
❷(2) $(14x-8)\div2=\dfrac{14x-8}{2}$
　$=\dfrac{14x}{2}-\dfrac{8}{2}=7x-4$
(4) $(6a+12)\div\dfrac{3}{2}=(6a+12)\times\dfrac{2}{3}$
　$=6a\times\dfrac{2}{3}+12\times\dfrac{2}{3}=4a+8$

41 1次式のかけ算・わり算の練習

❶ (1) $12a$　(2) $-8y$　(3) $-4a$
　　(4) $12x+8$　(5) $-18x+12$
❷ (1) $3a$　(2) $4x$　(3) $-28a$
　　(4) $-7x-3$　(5) $30x-10$

▶解説

❶(3)$6a\times\left(-\dfrac{2}{3}\right)=6\times\left(-\dfrac{2}{3}\right)\times a=-4a$
　(5)$-3(6x-4)$
　$=(-3)\times6x+(-3)\times(-4)$
　$=-18x+12$
❷(5)$(12x-4)\div\dfrac{2}{5}=(12x-4)\times\dfrac{5}{2}$
　$=12x\times\dfrac{5}{2}-4\times\dfrac{5}{2}=30x-10$

42 1次式の計算の練習

❶ (1) $13x$　(2) $6a$　(3) $-5y+9$
　　(4) $9a-3$　(5) $10x+8$
❷ (1) $-8x$　(2) $-24x+30$
　　(3) $-20a$　(4) $9x-4$
　　(5) $-8a+12$

▶解説

❶(5)$(2x-3)-(-8x-11)$
　$=2x-3+8x+11=10x+8$
❷(5)$(6a-9)\div\left(-\dfrac{3}{4}\right)=(6a-9)\times\left(-\dfrac{4}{3}\right)$
　$=6a\times\left(-\dfrac{4}{3}\right)-9\times\left(-\dfrac{4}{3}\right)=-8a+12$

43 1次式のいろいろな計算

❶ (1) $6x+14$　(2) $6x-15$
　　(3) $-4x+20$　(4) $4x-14$
❷ (1) $5x-8$　(2) $10x+3$
　　(3) $-a-36$

▶解説

❶分母の 4 とかける数 8 とで約分し，
　（　）×数の形になおす。あとは，分配法
　則を使ってかっこをはずして計算する。
　(3)$\dfrac{x-5}{4}\times(-16)=(x-5)\times(-4)$
　$=-4x+20$
　(4)$18\left(\dfrac{2x-7}{9}\right)=2(2x-7)=4x-14$
❷(2)$3(2x+5)+4(x-3)$
　$=6x+15+4x-12=10x+3$
　(3)$7(a-8)-4(2a-5)$
　$=7a-56-8a+20=-a-36$

44 まとめテスト②

❶ (1) $2x^3$　(2) $\dfrac{x-y}{5}$
　　(3) $3x-\dfrac{4}{y}$　(4) $\dfrac{3a}{b}$
❷ (1) $(3x+5y)$円
　　(2) $\dfrac{2a+b}{3}$点　(3) $\left(\dfrac{9}{a}+\dfrac{9}{b}\right)$時間
❸ (1) -2　(2) 28
❹ (1) $9x$　(2) $-11a$
　　(3) $3a-7$　(4) $2x+6$
　　(5) $4y-11$　(6) $7x-8$
❺ (1) $12a$　(2) $-9x$
　　(3) $-10a+15$
　　(4) $-30a+20$　(5) $4x-2$
　　(6) $6x-30$

▶解説

❷(2)（平均）＝（合計）÷（個数）
　得点の平均は，
　$(a+a+b)\div3=\dfrac{2a+b}{3}$（点）

45 方程式とその解

① (1) -1 (2) 2 (3) 0
(4) 1
② ⑦

▶解説
②$x=4$ を方程式に代入して、(左辺)＝(右辺)となるものを選ぶ。

46 等式の性質と方程式

① (1) $x=10$ (2) $x=4$
(3) $x=6$
② (1) $x=16$ (2) $x=-20$
(3) $x=12$ (4) $x=2$
(5) $x=-6$

▶解説
①(2)$x+5=9$ 両辺から 5 をひいて、
$x+5-5=9-5$, $x=4$
②(2)$-\dfrac{x}{5}=4$ 両辺に -5 をかけて、
$-\dfrac{x}{5}\times(-5)=4\times(-5)$, $x=-20$
(4)$4x=8$ 両辺を 4 でわって、
$4x\div4=8\div4$, $x=2$

47 方程式の解き方①

① (1) $x=7+3$
(2) $3x=18-6$
(3) $4x-8x=-20$
② (1) $x=5$ (2) $x=7$
(3) $x=-9$ (4) $x=-21$
(5) $x=13$

▶解説
②(2)$x-2=5$ -2 を右辺に移項して、
$x=5+2$, $x=7$
(3)$x+6=-3$ $+6$ を右辺に移項して、
$x=-3-6$, $x=-9$

48 方程式の解き方②

① (1) $x=8$ (2) $x=3$
(3) $x=-3$
② (1) $x=-7$ (2) $x=12$
(3) $x=6$

▶解説
①(2)$4x-3=9$ -3 を右辺に移項して、
$4x=9+3$, $4x=12$, $x=3$
②(2)$5x=7x-24$ $7x$ を左辺に移項して、$5x-7x=-24$, $-2x=-24$,
$x=12$

49 方程式の解き方③

① (1) $x=4$ (2) $x=1$
(3) $x=-3$
② (1) $x=5$ (2) $x=4$
(3) $x=-4$ (4) $x=1$
(5) $y=2$

▶解説
①(2)$9x+2=11x$ $+2$, $11x$ を移項して、$9x-11x=-2$, $-2x=-2$,
$x=1$
②(2)$3x-25=-9-x$ -25, $-x$ を移項して、$3x+x=-9+25$, $4x=16$,
$x=4$

11

50 方程式の解き方の練習

❶ (1) $x=6$　　(2) $x=-4$

(3) $x=-1$　　(4) $x=-2$

(5) $x=-4$　　(6) $x=-1$

(7) $x=-1$　　(8) $x=4$

▶解説

❶(5)$2x-3=5x+9$, $2x-5x=9+3$,

$-3x=12$, $x=-4$

51 かっこをふくむ方程式

❶ (1) $x=-4$　　(2) $x=2$

(3) $x=4$　　(4) $x=4$

(5) $x=2$　　(6) $x=-9$

(7) $x=5$

▶解説

❶(2)$6x-(4x-1)=5$,

$6x-4x+1=5$, $2x=4$, $x=2$

(3)$7x-6=2(x+7)$,

$7x-6=2x+14$, $5x=20$, $x=4$

(6)$2(x-3)=3(1+x)$,

$2x-6=3+3x$, $-x=9$, $x=-9$

52 小数をふくむ方程式

❶ (1) $x=9$　　(2) $x=-8$

(3) $x=-4$　　(4) $x=5$

(5) $x=-5$　　(6) $x=6$

(7) $x=3$

▶解説

❶両辺に10，100，…をかけて，まず
係数を整数にして解く。

(2)$0.4x+2.4=0.1x$

$(0.4x+2.4)\times10=0.1x\times10$,

$4x+24=x$, $3x=-24$, $x=-8$

(6)$0.7x-2.7=0.25x$,

$(0.7x-2.7)\times100=0.25x\times100$,

$70x-270=25x$, $45x=270$,

$x=6$

53 分数をふくむ方程式

❶ (1) $x=-18$　(2) $x=-16$

(3) $x=12$　　(4) $x=-\dfrac{1}{2}$

(5) $x=5$

▶解説

❶(3)$\dfrac{2}{3}x-2=\dfrac{1}{4}x+3$,

$\left(\dfrac{2}{3}x-2\right)\times12=\left(\dfrac{1}{4}x+3\right)\times12$,

$8x-24=3x+36$, $5x=60$, $x=12$

54 いろいろな方程式

❶ (1) $x=3$　　(2) $x=2$

(3) $x=-7$　　(4) $x=4$

(5) $x=-3$

▶解説

❶(2)$0.15x-0.1=-0.2(x-3)$,

$(0.15x-0.1)\times100=-0.2(x-3)$

$\times100$, $15x-10=-20(x-3)$,

$15x-10=-20x+60$, $35x=70$,

$x=2$

(3)$x-\dfrac{2x-1}{5}=-4$,

$\left(x-\dfrac{2x-1}{5}\right)\times5=-4\times5$,

$5x-(2x-1)=-20$,

$5x-2x+1=-20$, $3x=-21$,

$x=-7$

55 いろいろな方程式の練習

❶ (1) $x=-3$　(2) $x=-3$
(3) $x=4$　(4) $x=2$
(5) $x=19$　(6) $x=12$
(7) $x=2$　(8) $x=2$

56 比例式

❶ (1) $x=10$　(2) $x=9$
(3) $x=10$
❷ (1) $x=2$　(2) $x=8$
❸ (1) $x=6$　(2) $x=11$

▶解説
❸(2)$4:(x-4)=12:(x+10)$,
$4(x+10)=12(x-4)$,
$4x+40=12x-48$,
$4x-12x=-48-40$,
$-8x=-88$, $x=11$

57 まとめテスト③

❶ ⑦, ⑦
❷ -1
❸ (1) $x=-1$　(2) $x=4$
(3) $x=7$　(4) $x=-1$
❹ (1) $x=-10$　(2) $x=3$
(3) $x=2$　(4) $x=-1$
(5) $x=16$　(6) $x=4$
(7) $x=-2$　(8) $x=6$
(9) $x=-7$　(10) $x=4$
❺ $x=7$

58 比例の式

❶ (1) 式…$y=80x$　比例定数…80
(2) 式…$y=12x$　比例定数…12
(3) 式…$y=3x$　比例定数…3
❷ (1) $y=2x$　(2) $y=10$
(3) $x=-4$

▶解説
❶(1)(代金)＝(単価)×(個数)
(2)(道のり)＝(速さ)×(時間)
(3)(長方形の面積)＝(縦)×(横)
❷(1)$y=ax$ に $x=2$, $y=4$ を代入して,
$4=a×2$, $a=2$
よって, 式は $y=2x$
(2)$y=2x$ に $x=5$ を代入して,
$y=2×5=10$
(3)$y=2x$ に $y=-8$ を代入して,
$-8=2x$, $x=-4$

59 反比例の式

❶ (1) 式…$y=\dfrac{40}{x}$　比例定数…40
(2) 式…$y=\dfrac{200}{x}$　比例定数…200
(3) 式…$y=\dfrac{16}{x}$　比例定数…16
❷ (1) $y=\dfrac{12}{x}$　(2) $y=4$
(3) $x=-6$

▶解説
❶(1)(三角形の面積)＝(底辺)×(高さ)÷2
(2)(かかる日数)＝(本のページ数)÷
(1 日に読むページ数)
(3)(時間)＝(道のり)÷(速さ)
❷(1)$y=\dfrac{a}{x}$ に $x=2$, $y=6$ を代入して,

$6=\dfrac{a}{2}$, $a=12$ よって，式は $y=\dfrac{12}{x}$

(2) $y=\dfrac{12}{x}$ に $x=3$ を代入して，$y=\dfrac{12}{3}=4$

(3) $y=\dfrac{12}{x}$ に $y=-2$ を代入して，

$-2=\dfrac{12}{x}$, $-2x=12$, $x=-6$

60 比例と反比例

❶ (1) $y=8x$ (2) 15L

❷ (1) $y=\dfrac{120}{x}$ (2) 20分

   (3) 10L

▶解説

❶(1)式を $y=ax$ とおいて，$x=5$, $y=40$
を代入すると，$40=a×5$, $a=8$
(2)$y=8x$ に $y=120$ を代入して，
$120=8x$, $x=15$

❷(1)式を $y=\dfrac{a}{x}$ とおいて，$x=4$, $y=30$

を代入すると，$30=\dfrac{a}{4}$, $a=120$

(2)$y=\dfrac{120}{x}$ に $x=6$ を代入して，

$y=\dfrac{120}{6}=20$

61 比例と反比例の練習

❶ (1) $y=-3x$ (2) $y=-9$

❷ (1) $y=-\dfrac{16}{x}$ (2) $y=-2$

❸ 150g

62 まとめテスト④

❶ (1) ⑦, ⑦   (2) ⑦, ⑤, ⑦

❷ (1) 式…$y=50x$ 比例定数…50

(2) 式…$y=\dfrac{60}{x}$ 比例定数…60

(3) 式…$y=\dfrac{40}{x}$ 比例定数…40

(4) 式…$y=4x$ 比例定数…4

❸ (1) $y=4x$ (2) $y=-10$

  (3) $y=-\dfrac{14}{x}$ (4) $y=-6$

❹ 12回転

▶解説

❹歯車 B の歯の数が x で，毎秒 y 回転
するとすると，$xy=30×8=240$,

$y=\dfrac{240}{x}$ この式に $x=20$ を代入し

て，$y=\dfrac{240}{20}=12$

63 円とおうぎ形の計量

❶ (1) 8π cm   (2) 16π cm^2

❷ (1) 4π cm   (2) 12π cm^2

❸ (1) $160°$ (2) 8π cm

▶解説

❶(1)$2\pi×4=8\pi$ (cm)
(2)$\pi×4^2=16\pi$ (cm^2)

❷(1)$2\pi×6×\dfrac{120}{360}=4\pi$ (cm)

(2)$\pi×6^2×\dfrac{120}{360}=12\pi$ (cm^2)

❸(1)中心角を $x°$ とすると，

$\pi×9^2×\dfrac{x}{360}=36\pi$, $x=160$

64 立体の表面積①

❶ (1) 4cm^2 (2) 48cm^2

  (3) 56cm^2

14

❷ (1) $9\pi\,\text{cm}^2$ (2) $30\pi\,\text{cm}^2$
    (3) $48\pi\,\text{cm}^2$

❸ $54\pi\,\text{cm}^3$

▶解説

❶(角柱の体積)＝(底面積)×(高さ)

  (1)$\dfrac{1}{2}\times3\times4=6\,(\text{cm}^2)$

  (2)$6\times6=36\,(\text{cm}^3)$

❷(1)$4\times4=16\,(\text{cm}^2)$

  (2)$16\times6=96\,(\text{cm}^3)$

❸底面の半径 r, 高さ h の円柱の体積は

  $\pi r^2 h$ $\pi\times3^2\times6=54\pi\,(\text{cm}^3)$

▶解説

❶(2)側面の展開図は，縦 6 cm，横
2×4＝8(cm)の長方形になるから，
面積は，6×8＝48(cm²)

  (3)48＋4×2＝56(cm²)

❷(2)側面の展開図は，縦 5 cm，横が底
面の円周の長さに等しく，2π×3＝
6π(cm)の長方形になるから，面積は
5×6π＝30π(cm²)

65 立体の表面積②

❶ (1) $36\,\text{cm}^2$ (2) $96\,\text{cm}^2$
   (3) $132\,\text{cm}^2$

❷ (1) $8\pi\,\text{cm}$ (2) $48\pi\,\text{cm}^2$
   (3) $64\pi\,\text{cm}^2$

67 立体の体積②

❶ (1) $49\,\text{cm}^2$ (2) $147\,\text{cm}^3$
❷ (1) $25\pi\,\text{cm}^2$ (2) $100\pi\,\text{cm}^3$
❸ 8 cm

▶解説

❶(1)6×6＝36(cm²)

  (2)$\dfrac{1}{2}\times6\times8\times4=96\,(\text{cm}^2)$

  (3)96＋36＝132(cm²)

❷(1)弧 AB の長さは，底面の円周の長さ
に等しいから，2π×4＝8π(cm)

  (2)側面のおうぎ形の中心角を $x°$ とする
と，$2\pi\times12\times\dfrac{x}{360}=8\pi$，$x=120$

おうぎ形の面積は，

$\pi\times12^2\times\dfrac{120}{360}=48\pi\,(\text{cm}^2)$

  (3)48π＋π×4²＝64π(cm²)

▶解説

❶(角錐の体積)＝$\dfrac{1}{3}$×(底面積)×(高さ)

  (1)7×7＝49(cm²)

  (2)$\dfrac{1}{3}\times49\times9=147\,(\text{cm}^3)$

❷底面の半径 r, 高さ h の円錐の体積は

$\dfrac{1}{3}\pi r^2 h$

  (1)$\pi\times5^2=25\pi\,(\text{cm}^2)$

  (2)$\dfrac{1}{3}\times25\pi\times12=100\pi\,(\text{cm}^3)$

❸円錐の高さを h cm とすると，

$\dfrac{1}{3}\pi\times6^2\times h=96\pi$，$h=8$

66 立体の体積①

❶ (1) 6 cm²   (2) $36\,\text{cm}^3$
❷ (1) $16\,\text{cm}^2$ (2) $96\,\text{cm}^3$

68 球の体積と表面積

❶ (1) $36\pi\,\text{cm}^2$ (2) $36\pi\,\text{cm}^3$
❷ (1) $100\pi\,\text{cm}^2$ (2) $\dfrac{500}{3}\pi\,\text{cm}^3$
❸ (1) $144\pi\,\text{cm}^2$ (2) $288\pi\,\text{cm}^3$

▶解説

❶半径が r の球の表面積は $4\pi r^2$，体積は

$\dfrac{4}{3}\pi r^3$

(1)$4\pi\times3^2=36\pi$ (cm^2)

(2)$\dfrac{4}{3}\pi\times3^3=36\pi$ (cm^3)

❷(1)$4\pi\times5^2=100\pi$ (cm^2)

(2)$\dfrac{4}{3}\pi\times5^3=\dfrac{500}{3}\pi$ (cm^3)

❸(1)$4\pi\times6^2=144\pi$ (cm^2)

(2)$\dfrac{4}{3}\pi\times6^3=288\pi$ (cm^3)

69 回転体の表面積と体積

❶ (1) 円柱　　　(2) 80π cm^2
　　(3) 96π cm^3
❷ (1) 円錐　　　(2) 96π cm^2
　　(3) 96π cm^3

▶解説

❶(2)$\pi\times4^2\times2+6\times2\pi\times4$

　$=32\pi+48\pi=80\pi$ (cm^2)

(3)$\pi\times4^2\times6=96\pi$ (cm^3)

❷(2)側面のおうぎ形の中心角を $x°$ とする

と，$2\pi\times10\times\dfrac{x}{360}=2\pi\times6$，

$x=216$

側面積は，$\pi\times10^2\times\dfrac{216}{360}=60\pi$ (cm^2)

表面積は，$\pi\times6^2+60\pi=96\pi$ (cm^2)

(3)$\dfrac{1}{3}\pi\times6^2\times8=96\pi$ (cm^3)

70 図形の計量の練習

❶ (1) 324 cm^3　　(2) 105 cm^3
　　(3) 200π cm^3　　(4) 80 cm^3
❷ 184π cm^2

▶解説

❷底面の半径が 8 cm，母線の長さが
15cm の円錐になる。

71 まとめテスト⑤

❶ (1) 10π cm　　(2) 25π cm^2
❷ (1) 12π cm　　(2) 48π cm^2
❸ (1) 248 cm^2　　(2) 224 cm^3
❹ (1) 144π cm^2 (2) 128π cm^3
❺ (1) 405π cm^3 (2) 225π cm^3
❻ (1) 324π cm^2 (2) 972π cm^3

72 復習テスト

❶ $-\dfrac{4}{5}$, -0.7, $\dfrac{2}{3}$, 0.8
❷ (1) -17　　(2) -2
　　(3) -32　　(4) $-\dfrac{2}{3}$
❸ (1) $(8x+5y)$g
　　(2) $abkm$
❹ (1) $-6a+2$　(2) $3x+7$
　　(3) $21b$　　(4) $-16a+24$
❺ (1) $x=4$　　(2) $x=-4$
　　(3) $x=-3$　　(4) $x=-18$
❻ (1) $y=-16$　(2) $y=4$
❼ (1)表面積…360cm^2
　　体積…300cm^3
　　(2)表面積…96πcm^2
　　体積…128πcm^3